BEI GRIN MACHT SICH IHR WISSEN BEZAHLT

- Wir veröffentlichen Ihre Hausarbeit,
  Bachelor- und Masterarbeit

- Ihr eigenes eBook und Buch -
  weltweit in allen wichtigen Shops

- Verdienen Sie an jedem Verkauf

Jetzt bei www.GRIN.com hochladen
und kostenlos publizieren

Bibliografische Information der Deutschen Nationalbibliothek:

Die Deutsche Bibliothek verzeichnet diese Publikation in der Deutschen National-
bibliografie; detaillierte bibliografische Daten sind im Internet über http://dnb.d-
nb.de/ abrufbar.

Impressum:

Copyright © 2016 GRIN Verlag, Open Publishing GmbH
Druck und Bindung: Books on Demand GmbH, Norderstedt Germany
ISBN: 9783668615908

Dieses Buch bei GRIN:

https://www.grin.com/document/387137

Lara Rossi

Struktur und Methoden des Verbraucherschutzes. Wie handelt die Instanz der unabhängigen Lebensmittelkontrolle?

GRIN Verlag

Verbraucherschutz

Autor/in:

Frau Lara Rossi

Studiengang:

Business Management

Seminargruppe:

**Internationales Marketing Ma-
nagement**

Karlsruhe, 15.03.2016

Inhaltsverzeichnis

Abbildungsverzeichnis

1 Einleitung Verbraucherschutz

In der heutigen, ständig wachsenden Wirtschaft, mit einer zunehmenden Anzahl von Lebensmittelskandalen wächst von der Seite der Verbraucher der Bedarf nach dessen Schutz. Oft können die Verbraucher den Herstellungsprozess und die verwendeten Substanzen nicht nachvollziehen, ebenso sind Verbraucher den Herstellern von Waren infolge mangelnder Fachkenntnis und Erfahrung in großem Maße unterlegen. Sie müssen sich blind auf die ordnungsgemäße Herstellung der Ware durch die Anbieter verlassen. Zunehmend werden jedoch zum Beispiel in der Lebensmittelindustrie Speisereste verarbeitet und als neue Produkte verkauft. Wer hier nicht genau hinsieht oder dies nicht erkennen kann, unterläuft der Gefahr geblendet zu werden. Um dieser teils schon betrügerischen Absicht entgegen zu wirken, muss es für den Verbraucher die Möglichkeit geben sich neutral über die Zusammensetzung und Entstehung der Produkte zu informieren und Unterstützung bei Problemen zu erhalten. Dies ist der Sinn des Verbraucherschutzes der von verschiedenen Institutionen angeboten wird. Doch wie wird hier von Seiten des Verbraucherschutzes gehandelt? In der folgenden Ausarbeitung habe ich mich mit dieser Fragestellung kritisch auseinandergesetzt.

1.1 Definition und Erklärung Verbraucherschutz

Der Verbraucherschutz wird definiert als „die Gesamtheit der rechtlichen Vorschriften, die den Verbraucher vor Benachteiligungen im Wirtschaftsleben schützen und seine rechtliche Stellung stärken sollen." (Pollert/Kirchner/Polzin 2013, S.377) Institutionen des Verbraucherschutzes vertreten gesetzlich die Interessen der Verbraucher in Bezug auf die Qualität und den Preis der Produkte. Der Verbraucherschutz versucht die oben genannte mangelnde Kenntnis des Konsumenten auszugleichen, in dem sie z.B. Risiken durch die Deklaration der Inhaltsstoffe transparenter machen, sowie die Verbraucher und deren Interessen durch Vorschriften rechtlich vertreten. Hierbei wird zwischen verschiedenen Gesetzen und Vorschriften unterschieden: Erstens zwischen solchen, welche dem Verbraucher Informationen liefern, durch die eine Kaufentscheidung beeinflusst wird. Hierzu dient zum Beispiel die Lebensmittelkennzeichnungsverordnung, welche ich im späteren Verlauf meiner Ausarbeitung näher vorstellen werde.

Zweitens zwischen Gesetzen, die sowohl der Gesundheit als auch der Sicherheit dienen, wie zum Beispiel das Arzneimittelrecht, welches die Herstellung und klinische Prüfung von Arzneimitteln regelt.

Drittens zwischen Vorschriften, die dem Verbraucher in Rechtsgeschäften Schutz versprechen wie beispielsweise die allgemeinen Geschäftsbedingungen im Bürgerlichen Gesetzbuch, Widerrufsrechte etc. Wie ich nun verdeutlicht habe, gibt es Verbraucherschutz in vielen Bereichen. Verbraucherschutz betrifft alle Bereiche des Konsums, überall dort, wo Verkäufer und Käufer gewerblich miteinander agieren, d.h. z.B. in der Automobilindustrie, im Lebensmittelkonsum, genauso wie in der Reiseverkehrsbranche oder im Dienstleistungssegment. In meiner wissenschaftlichen Arbeit werde ich mich jedoch auf den Verbraucherschutz in der Lebensmittelbranche spezialisieren. Verbraucher wünschen sich einen Schutz, der sie durch Gesetze und Vorschriften vor Gefahren schützt, welche sich manchmal in natürlichen, vorwiegend jedoch, in industriell hergestellten Lebensmitteln verbergen. So erwarten sie beispielsweise, dass Lebensmittel, deren Verzehr schädlich für die Gesundheit ist, nicht auf dem Markt angeboten werden. Anhand eines Beispiels werde ich im weiteren Verlauf genau analysieren in welchen Bereichen Probleme und Gesetzeslücken zu Lasten der Verbraucher auftreten.

1.2 Die Rolle des Verbrauchers

Um die Rolle des Verbrauchers genauer zu betrachten, gilt es zunächst den Verbraucher zu analysieren. Ein Verbraucher ist herkömmlicherweise ein Individuum, welches rational und autonom handelt. Er besitzt Bedürfnisse und Wünsche welche es zu erfüllen gilt. Diese Handlungen zur Erfüllung sind sehr stark von seiner Psyche, seinen persönlichen Zielen und von Umwelteinflüssen beeinflusst. Zudem besitzt ein Kunde Präferenzen im Nutzen und versucht diesen durch Konsum der Güter, welche er frei wählen kann, zu maximieren. Zum Zwecke der Gewinnoptimierung versuchen Hersteller passende Produkte anzubieten, die den Erwartungen der Verbraucher entsprechen und die Bedürfnisse dieser befriedigen. Somit gehen diese in der Herstellung gezielt auf die Nachfrage der jeweiligen Zielgruppe ein. Es wird deutlich, dass die Verbraucher bei der Art der Produktion eine große Rolle spielen, da die Hersteller durch deren Nachfrage beeinflusst werden und folglich das von Seiten der Verbraucher gewünschte Produkt auf den Markt kommt. Hierbei gilt jedoch die Intensität der Nachfrage zu beachten, da Lebensmittelhersteller erst dann das gewünschte Produkt herstellen, wenn sie damit genügend Umsatz erzielen. Dies kann man zum Beispiel an den heutigen Trends verdeutlichen. Immer mehr Konsumenten leben vegan und erfragen somit vegane Produkte. Hier wird in den letzten Jahren ein neuer Anspruch an die Industrie gestellt. Viele Produzenten gehen dieser Nachfrage nach und stellen nun Vegane-Produkte wie zum Beispiel Sojamilch, veganen Käse, veganes Eis oder Tofu her. Nicht nur Veganer, auch Allergiker bedienen sich teilweise diesen Produkten, somit erhöht sich der Bedarf an die Industrie erneut. Die Strategie, durch welche auf Grund der erhöhten Nachfrage auf der Seite der Verbraucher neue Produkte angeboten werden, nennt man Pull-Strategie. Ohne diesen Bedarf wäre die Produktion dieser Produkte nicht erfolgt, beziehungsweise nicht in diesem Ausmaß.

1.3   Entwicklung des Verbraucherschutzes früher – heute

Heutzutage ist es kaum vorstellbar, dass die Bedeutsamkeit des Verbraucherschutzes vor den 1950er und 60er Jahren für die meisten Menschen in Deutschland so gering war, dass „Verbraucherschutz" ein Fremdwort darstellte. Mit dem Wirtschaftswunder verbesserten sich die Lebensbedingungen für viele Menschen, zudem gab es seitdem eine viel größere Produktvielfalt auf dem Markt. Durch die steigende Verbreitung neuer Medien, wie Hörfunk und Fernsehen, wurden die Verbraucher nun per Werbung über viele völlig neue Produkte informiert und glaubten sehr oft zu ihrem Nachteil unkritisch den Versprechen der Hersteller. Deshalb kauften sie oft überteuerte Produkte, deren Qualität mangelhaft war und nicht den Vorstellungen entsprach. Zu dieser Zeit nahm die Nachfrage eines Schutzes ihrerseits gegenüber den Unternehmern stark zu und lies das Engagement in den bisher eher kleinen Verbraucherverbänden ansteigen, welche sich den Belangen der Konsumenten widmeten, diese informierten und sie gegenüber Herstellern vertraten. Im Jahre 1953 wurde die Arbeitsgemeinschaft der Verbraucherverbände e.V. (AgV) gegründet, welche die erste große Gemeinschaft für Verbraucher darstellte. (vgl. Verbraucherzentrale Bundesverband 2016). Ihr Ziel war es, durch die Beratung und Informierung der Konsumenten ein Gleichgewicht zwischen diesen und den Unternehmern herzustellen. In den darauffolgenden Jahren nahm die Bedeutsamkeit des Verbraucherschutzes zu, so dass Beschwerden und Reklamationen gezielt nachgegangen wurde und Hersteller kontaktiert wurden. Auch in Zeiten der Krisen legten die Verbraucher sehr viel Wert auf Beratung. Es folgten erste Produkttests auf Antrag der Verbraucherzentrale zur Qualitätsprüfung. In den Jahren von 1970 und 1980 wurden erste Gesetze und Programme zu Gunsten der Konsumenten verabschiedet, wodurch diese nun auch juristischen Zusprüche bekamen. Auch in den darauffolgenden Jahren nahm der Bedarf zu, so dass sowohl Verbrauchertelefone zum direkten Problemschilderung als auch eine Homepage der Verbraucherzentrale eingeführt wurden.Bis heute steigen die Zahlen der schutzbedürftigen Verbraucher weiterhin und die Größe der Institutionen, was die Wichtigkeit des Verbraucherschutzes verdeutlicht. Heute kann man sich kein Leben mehr ohne diesen Schutz vorstellen. Jedem Kunden wird auf unterschiedlichste Art kompetent und zuverlässig geholfen. So wird man z.B. bei der Wahl der Lebensmittelprodukte im Supermarkt über das einzelne Lebensmittel informiert. Auf Forderung des Verbraucherschutzes stehen zum Beispiel inzwischen auf jeder Produktverpackung ausführliche Hinweise auf unerwünschte Inhaltsstoffe, wie zum Beispiel Allergene, welches möglicherweise nun den Kaufentscheidungsprozess beeinflusst.

Vergleicht man nun die Bedeutsamkeit des Verbraucherschutzes früher und heute, so stellt sich heraus, dass der Bedarf nach Schutz und die Möglichkeit hierzu erst entstehen mussten. Als dieser jedoch existierte stieg das Verlangen weiter an, so dass sich bis zum heutigen Tag Verbraucherschützer für das Recht jedes Konsumenten einsetzen.

1.4 Mündiger Konsument

Zunächst stellt sich die Frage was ein mündiger Konsument, beziehungsweise Mündigkeit ist. Dies kann man am besten anhand eines Zitates von Immanuel Kant, einem der bedeutendsten deutschen Philosophen der Aufklärung erkennen:. „Aufklärung ist der Ausgang des Menschen aus seiner selbstverschuldeten Unmündigkeit. Unmündigkeit ist das Unvermögen, sich seines Verstandes ohne Leitung eines anderen zu bedienen. Selbstverschuldet ist diese Unmündigkeit, wenn die Ursache derselben nicht am Mangel des Verstandes, sondern der Entschließung und des Mutes liegt, sich seiner ohne Leitung eines anderen zu bedienen." (vgl. Kant 1784, 481). Hiermit wird klar, dass viele der heutigen Konsumenten unmündig sind, da sich deren Entscheidung von äußeren Einflüssen und Dritten verändern lässt. Viele Konsumenten sind leider nicht souverän, denn sie lassen sich täuschen und kaufen Produkte, welche sie gar nicht benötigen. Heute zu Tage werden wir im Internet sogar mit personalisierten Werbeanzeigen gelockt, welche sich an dem Suchverlauf des jeweiligen Nutzers orientieren. Statt sich kritisch eine eigene Meinung zu bilden, folgen viele Konsumenten einfachen Impulsen und der Richtung der Menge. Betrachtet man Kants Zitat genau, so stellt sich die Frage inwieweit die Unmündigkeit selbstverschuldet ist? Es liegt auf der Hand, dass es bequemer ist, sich des eigenen Verstandes nur bedingt zu bedienen und auf Empfehlungen Dritter zu hören. Doch dies ist nicht der einzige Grund. Ein weiterer ist, dass uns das Wissen mangelt eine vollständig mündige Entscheidung zu treffen. Denn wir können nie fehlerlos informiert sein und über alles Bescheid wissen. Genau dies wird jedoch nicht selten von Werbe-Abteilungen sehr gut ausgenutzt. Menschen lassen sich durch ihre Unmündigkeit immer wieder von schönen aber belanglosen dargestellten Statistiken in die Irre führen und zu einem Kauf überreden. Kritisches Denken muss man selbstständig erlernen und dies ist ein immerwährender Prozess. Das Ziel des Verbraucherschutzes sollte langfristig sein, dem Menschen aus seiner zum Teil selbstverschuldeten Unmündigkeit herauszuhelfen. Denn ist ein Konsument mündig, so kann er für sich selbst entscheiden, welche Produkte er wirklich benötigt und wird nicht mehr von zum Beispiel personalisierter Werbung beeinflusst.

2   Verbraucherschutz in der Lebensmittelherstellung

Heutzutage gibt es kaum ein Lebensmittel, dass man nicht im Supermarkt um die Ecke kaufen kann. Ob es sich um nicht-saisonale Produkte handelt oder um sehr teures Fleisch eines Wagyu-Rindes – alles kann geliefert werden. Doch wie ist es möglich trotz sehr weiter Entfernungen frische, nicht verdorbene Lebensmittel zu liefern? Wie können diese Produkte zum Verbraucherschutz beitragen? Obst oder Gemüse wird hierzu direkt nach der Ernte, welche vor der Reife erfolgt, eingefroren und so transportiert. Somit ist es möglich, dass die Produkte auch während des Fluges oder der Schifffahrt nicht reifen. Im Handel angekommen, lagern die Produkte meist einige Tage bis sie zu den Konsumenten gelangen. Letztendlich vergehen hierbei meist ein bis zwei Wochen zwischen Ernte und dem Verzehr.

Bei Fischprodukten erfolgt dies ähnlich. Diese werden direkt nach dem Fang auf dem Boot nach Qualität sortiert und verarbeitet. Der Großteil des gefangenen Fisches wird zu Fischstäbchen verarbeitet in dem er filetiert, tiefgefroren, zu Blöcken gepresst und dann in Scheiben geschnitten wird. Fische, welche nicht auf diese Weise verarbeitet werden, werden entweder eingefroren und transportiert oder zum Direktverkauf nur gekühlt. Das Aussortieren trägt zum Schutz der Verbraucher bei, da diese hierdurch nur ausgewählten, gesunden und qualitativ hochwertigen Fisch angeboten bekommen.

Bei der Fleischproduktion wird ähnlich vorgegangen. Direkt nach der Schlachtung wird das Fleisch nach Keimen, Krankheiten und der Qualität untersucht um mögliche Image- und Umsatzeinbußen zu vermeiden und Krankheiten seitens der Verbraucher vorzubeugen. Hierbei werden auch die Organe der Tiere nach Auffälligkeiten näher betrachtet. Ungenießbares Fleisch wird in den schwarzen Bereich der Schlachterei gebracht, da dies nicht für den menschlichen Verzehr geeignet ist. Genießbares Fleisch, welches die Prüfung bestanden hat, wird sachgerecht verarbeitet, kühl gelagert und zum Handel transportiert.

Zum Schutz der Verbraucher wird eine lückenlose Rückverfolgung der Frachtwege von Lebensmitteln vorausgesetzt. Somit lässt sich zum Beispiel leicht nachverfolgen woher der gekaufte Fisch stammt. Zudem ist der Arbeitsschutz in der Lebensmittelindustrie sehr hoch. Arbeitsmittel und Maschinen werden in geregelten Abständen sehr streng überprüft, gewartet und desinfiziert. Es gibt strenge Auflagen zum Schutz der Sicherheit von Lebensmitteln und der von Arbeitern. Nur so kann garantiert werden, dass sowohl die Industrie als auch die Verbraucher zufrieden sind. Denn bei groben Arbeitsfehlern durch fehlende Sicherheit, welche sowohl dem Arbeiter als auch dem verarbeiteten Produkt schaden, können große

Imageverluste folgen, die auch zu Umsatzeinbußen führen. Industrien müssen sich zudem ständig an das ändernde Konsumverhalten der Konsumenten, Trends und Entwicklungen anpassen.

2.1 Kennzeichnung der Lebensmittel

Jedes angebotene Lebensmittel muss mit gewissen Angaben versehen werden. Es gibt sogenannte Pflichtangaben, welche gerichtlich festgelegt sind und zwingend sind. Zudem gibt es freiwillige Angaben, hierbei ist es den Herstellern selbst überlassen, ob sie ihr eigenes Produkt hiermit schmücken. Im folgenden Teil werde ich auf diese beiden Arten näher eingehen.

2.1.1 Pflichtangaben

Zunächst muss die Herkunft des jeweiligen Produktes auf der Verpackung gekennzeichnet sein. Doch es gibt auch zahlreiche andere Pflichtangaben auf Lebensmittelverpackungen innerhalb der Europäischen Union. Es ist verpflichtend das Lebensmittel mit einem Namen und einer Verkehrsbezeichnung auszustatten, zu dem müssen die verwendeten Zutaten und eine Nettofüllmenge aufgeführt werden. Hierbei müssen auch die 14 wichtigsten Stoffe oder Erzeugnisse, die Allergien oder Unverträglichkeiten in den Produkten auslösen können, falls enthalten, hervorgehoben werden. Zu diesen gehören: Gluten haltiges Getreide, Eier, Krebstiere, Fische, Sesamsamen, Sojabohnen, Senf, Erdnüsse, Schalenfrüchte, Senf, Schwefeldioxid und Sulphite (ab 10 Milligramm pro Kilogramm oder Liter), Lupinen, Weichtiere und Sellerie. Auch bei unverpackter Ware (z. B. an der Bedienungstheke oder im Restaurant) ist eine Information über enthaltene Allergene neuerdings verpflichtend. Diese kann schriftlich, elektronisch oder mündlich zu Stande kommen. Entscheidet man sich für eine mündliche Information, so muss eine schriftliche Dokumentation auf Wunsch leicht zugänglich sein. Zudem muss jedes Produkt mit einem Mindesthaltbarkeitsdatum oder Verbrauchsdatum, der Nettofüllmenge und dem Namen der Herstellungsfirma und deren Anschrift zur Information und Kontaktaufnahme versehen sein. Das Mindesthaltbarkeitsdatum (MHD) ist jedoch keinesfalls ein Wegwerfdatum. Vielmehr gibt es einen Zeitpunkt an, an dem ein Lebensmittel unter angemessenen Aufbewahrungsbedingungen seine spezifischen Eigenschaften, wie Geschmack, Farbe und Konsistenz, verliert. Auch nach Ablauf des Mindesthaltbarkeitsdatums ist das Lebensmittel nicht unbedingt ungenießbar. Wird das Produkt richtig gelagert, so ist es meist weiterhin verzehrbar. Das Verbrauchsdatum findet man jedoch auf sehr leicht verderblichen Lebensmitteln, wie zum Beispiel Hackfleisch. Nach Ablauf dieses Datums können gesundheitliche Folgen für den Konsumenten eintreten. Diese Kennzeichnung erfolgt meist mit „verbrauchen bis…" worauf das Datum folgt. Des Weiteren werden wichtige Lagerbedingungen wie zum Beispiel die Kühltemperatur beschrieben, welche eingehalten werden müssen um das Verbrauchsdatum einzuhalten. Nach Ablauf des Verbrauchdatums dürfen Lebensmittel nicht mehr verkauft und sollten auch nicht mehr verzehrt werden. Ab Dezember 2016 gibt es zudem eine verpflichtende Nährwertkennzeichnung, diese verdeutlicht dem Konsumenten schnell die enthaltenen Kalorien und Nährwerte pro Portion. All diese Hinweise müssen eine gewisse Mindestschriftgröße aufweisen, welche an das Produkt angepasst ist. Zudem muss die Schrift gut lesbar sein und an einer geeigneten Stelle, welche gut ersichtlich ist, angebracht sein. Ob diese Vorschriften zum Schutz der Verbraucher alle eingehalten wird von den zuständigen Lebensmittelüberwachungsbehörden der jeweiligen Bundesländer überprüft. Diese Pflichtangaben basieren alle auf der Verordnung der europäischen Union „Nr. 1169/2011 betreffend die Informationen der Verbraucher über Lebensmittel" (vgl. Bundesministerium für Ernährung und Landwirtschaft). Diese Verordnung wird als Lebensmittel-Informationsverordnung beziehungsweise auch als LMIV ausgezeichnet.

2.1.2 Freiwillige Angaben

Wie oben schon erwähnt, gibt es auch Angaben, die nicht gesetzlich vorgeschrieben sind. Bei diesen Angaben ist es dem Hersteller selbst überlassen ob er das Produkt mit solchen kennzeichnet um es für den Konsumenten attraktiver zu machen. Dennoch müssen die Angaben der Wahrheit entsprechen und dürfen keines Falles irreführend sein, hierfür werden diese Angaben vor der Veröffentlichung von Sachverständigen geprüft. Zu diesen freiwilligen Angaben gehören nährwert- und gesundheitsbezogene Angaben, zur Verdeutlichung von positiven Eigenschaften der Nährwerte in einem Produkt zum Beispiel „mit viel Vitamin C" oder „Ohne Zuckerzusatz". Diese fallen dem Konsumenten sofort auf und machen somit das Produkt attraktiver, da es gesünder erscheint. Bei Lebensmitteln, wie Orangensaft, das oft mit dem Aufdruck „viel Vitamine" beworben wird, ist eine Nährwerttabelle zur Veranschaulichung der Nährwerte verpflichtend. Auch regionale Siegel, wie das „Regionalfenster" helfen dabei Produkte hervorzuheben. Bei diesem Siegel wird dem Konsumenten klar gezeigt, dass das jeweilige Produkt aus der Region stammt, in dem der genaue Ort oder die Region genannt wird. Somit wird Herstellern aus der Region eine Möglichkeit gegeben, das Produkt von Konkurrenzprodukten zu unterscheiden und ihm einen glaubhaften Mehrwert, auch added value genannt, zu geben. Das Siegel schafft eine Transparenz, welche für Vertrauen sorgt. Von diesem profitieren sowohl Konsumenten als auch Hersteller. Des Weiteren gibt es Gütesiegel, welche von der Europäischen Union vergeben werden. Siegel sind für die Produkte eine Art Markenzeichen, die enthaltene Eigenschaften verdeutlichen. Diese gewährleisten eine hohe Qualität landwirtschaftlicher Produkte und schützen die Verbraucher vor unangemessenen Produktbezeichnungen. Die Nutzung dieser Siegel ist streng geregelt. Um ein Siegel nutzen zu dürfen werden die Produkte der Hersteller zunächst einer meist freiwilligen Prüfung unterzogen. Oft verändern die Produzenten ihre Herstellungsprozesse, damit die Nutzung eines Siegels möglich wird. Ein Beispiel hierfür ist das Logo "Ohne Gentechnik", das nur auf Produkten zu finden ist, die nach mehreren, regelmäßigen Prüfungen, gewiss keine gentechnisch veränderten Zutaten aufweisen. Wird ein EU-Gütezeichen verwendet, so wurde die Kennzeichnung des Produktes akzeptiert und in einem zuständigen Register eingetragen.

Steht die Aufschrift „Geschützte Ursprungsbezeichnung" abgekürzt: g.U. auf einem Produkt, so wurde das Produkt nach einem anerkannten Rezept, in einer gewissen Region zubereitet und verarbeitet, so dass, das hergestellte Produkt abhängig von der dort gegebenen Qualität und den Fähigkeiten der Hersteller ist, zum Beispiel der Allgäuer Emmentaler (Abb.1).

Die Geschützte geografische Angabe abgekürzt: g.g.A., steht für eine bestimmte Qualität und Eigenschaft, die zudem über ein bestimmtes Ansehen verfügt das von der Herkunftsregion abhängt. Hierbei können die Rohstoffe auch aus anderen Regionen verwendet werden, es ist lediglich zwingend, dass eine Herstellungsstufe in dem dazugehörigen Gebiet erfolgt, wie zum Beispiel bei den Schwäbischen Spätzle (Abb.2).

Ein drittes Siegel stellt die Garantie der traditionellen Spezialität dar (kurz: g.t.S.). Es garantiert die reine Qualität mit Hilfe von traditionellen Produktionsmethoden und Rezepten. Bei diesem Siegel ist sowohl die Herkunft der Rohstoffe, als auch die Herstellung auf kein bestimmtes Gebiet begrenzt. Viel wichtiger ist hierbei, dass man sich strikt an die traditionellen Rezepte beziehungsweise Herstellungsprozesse hält, wie zum Beispiel bei Mozzarella oder Serrano-Schinken (Abb.3)

Abb.1. geschützte geografische Ursrprungsbezeichnung (g.U.)

Abb.2 geschützte geografische Angabe (g.g.A)

Abb.3 Garantie der traditionellen Spezialität

Ein weiteres Siegel ist das durchaus bekannte und oft vertretene Bio-Siegel. Dies wurde 2001 eingeführt um den Konsumenten ein einheitliches Logo für Bioprodukte zu bieten. Bis zu diesem Zeitpunkt war es für die Verbraucher schwer da es eine Vielzahl verschiedener Öko-Kennzeichen gab, welche oft für Verwirrung sorgten. Produkte, welche das Bio-Siegel tragen, wurden nach den EU-Rechtsvorschriften für den ökologischen Landbau produziert und kontrolliert. Diese Rechtsvorschriften garantieren einheitliche Standards und eine artgerechte Tierhaltung. Wird das Siegel zu Unrecht verwendet und somit missbraucht, so können hohe Geldstrafen und eventuelle Freiheitsstrafen bis zu einem Jahr folgen. Für die Vergabe des Siegels müssen bestimmte Kriterien erfüllt werden. Zunächst müssen alle verwendeten Zutaten aus einem ökologischen Anbau stammen, falls diese Zutaten nicht in ökologischer Qualität zur Verfügung stehen, so dürfen bis zu fünf Prozent nicht-ökologische Zutaten verwendet werden, diese werden jedoch streng überprüft. Außerdem müssen sich die zugehörigen Hersteller, Industrie- und Importunternehmen, welche den Rechtsvorschriften für Bio-Siegel entsprechen, strengen vorgeschriebenen Kontrollen unterziehen. Erfolgt dies nicht, so dürfen sie ihre Produkte nicht unter der Kennzeichnung „Öko" oder „Bio" verkaufen. Zuletzt muss bei der Bezeichnung die Codenummer der dazugehörigen Öko-Kontrollstelle erwähnt werden. Diese baut sich folgendermaßen auf: DE-ÖKO-000. „DE" steht hierbei für Deutschland und die dreistellige Kennziffer entspricht der jeweiligen Kontrollstelle.

Auch das freiwillige Tierschutzkennzeichen liefert schnell Klarheit über die Herkunft der Produkte. Somit bietet es den Konsumenten Offenheit und Transparenz über den gesamten Herstellungsprozess, welches das Vertrauen stärkt. Hierbei werden Produkte, die hohe Tierschutzstandards verfolgen ausgezeichnet. Auf Grund dieses Logos sind meist höhere Preise gerechtfertigt. Auf der Homepage des Tierschutzlabels kann man anhand einer Suche nach der Postleihzahl und des Ortes feststellen, wo man in der Nähe Produkte mit solch einem Siegel kaufen kann.

2.2   Die Lebensmittelampel

Die Lebensmittelampel soll ein System darstellen, durch das schon auf den ersten Blick ersichtlich ist wie gesund ein Produkt ist. Hierbei werden die Farben Grün, Gelb und Rot dazu verwendet um den Nährstoffgehalt klar darzustellen. Dies erfolgt im Bezug der Nährwertangaben auf 100 Gramm des Lebensmittels. Der Gehalt an möglicherweise gesundheitsgefährdeten Nährstoffen eines Lebensmittels wird anhand von vier Nährstoffen angegeben: Fett, gesättigte Fettsäuren, Zucker und Salz, wodurch nun sehr zucker- oder fetthaltige Produkte schnell enttarnt werden. Erhält ein Produkt die Farbe Grün, so heißt das, dass eine geringe Menge des entsprechenden Nährstoffes enthalten ist. Der Verbraucher kann bedenkenlos größere Mengen des Produktes verzehren. Die Farbe Gelb wird Lebensmitteln vergeben, welche einen mittleren Gehalt an zum Beispiel Zucker oder Fett haben. Ein solches Produkt sollte nur in Maßen verzehrt werden. Rot bedeutet ein hoher Anteil ist enthalten. Diese Produkte sollten sehr sparsam Verzehrt werden um gesundheitliche Risiken vorzubeugen. Das Problem an dem Ampelsystem ist jedoch, dass die Auswahl der bewerteten Nähstoffe irreführend ist. Denn Fette allgemein sind nicht das Problem, sondern insbesondere stärkehaltige Kohlenhydrate, doch diese werden nicht bewertet. Auch andere problematische Stoffe finden bei der Ampel keine Berücksichtigung: enthält ein Produkt die Farbe Grün, so kann es trotzdem zum Beispiel problematische E-Zusatzstoffe enthalten, vor denen die Ampel nicht warnt. Dies zeigt, dass die Idee der Lebensmittelampel zwar gut ist, es jedoch noch Unklarheiten gibt, welche es zu beseitigen gilt.

2.3 Folgen und Probleme der Lebensmittelkennzeichnung

Zum Bedauern der Verbraucher bringt die Lebensmittelkennzeichnung jedoch nicht nur Klarheiten, sondern auch Unklarheiten mit sich. Viele der Angaben sind ungenau, verwirren die Konsumenten und führen im schlimmsten Fall zu gesundheitlichen Folgen, auf welche ich später näher eingehe. Welche Angaben die Verbraucher besonders in die Irre führen werde ich im folgenden Teil erläutern.

2.3.1 Irreführung der Konsumenten

Heute zu Tage leiden immer mehr Menschen unter ernährungsbedingten Krankheiten. Die Häufigkeit der ernährungsbedingten Krebsarten steigt und 10-20% aller Kinder und Jugendlichen sind übergewichtig (vgl. Gesundheit1). Doch warum ist dies so? Das Problem hierbei ist, eine mangelnde Aufklärung der Verbraucher. Wie ist dies möglich, wenn es wie oben schon näher erläutert, so genannte Pflichtangaben gibt, welche dem Konsumenten Klarheit über die enthaltenen Stoffe verschaffen sollen? Fakt ist, es steht nicht immer alles auf dem Lebensmitteletikett was sich in dem Produkt verbirgt. Denn Hersteller haben Pflichtangaben, die sie angeben müssen. Dennoch haben sie gewisse Schlupflöcher gefunden um einigen Regeln zu entgehen. Zunächst verwenden sie sehr oft komplizierte Wörter um enthaltene Stoffe zu benennen, damit Verbraucher in die Irre geführt werden und ungesunde Stoffe nicht gleich erkennen. Die Mogeleien der Hersteller möchte ich gerne an dem Beispiel eines Erdbeerjoghurts erläutern. Ein gewöhnlicher Erdbeerjoghurt besteht nicht wie zunächst vermutet aus Erdbeeren und Joghurt. Pro 150 Gramm Inhalt Erdbeerjoghurt müssen nur 9 g echte Früchte enthalten sein (vgl. Conrad). Das lässt den Herstellern einen großen Spielraum für übrige Zutaten. Da die Erdbeere ihr Aroma während Verarbeitung verliert, wird z.B. der Erdbeergeschmack erreicht, indem man Ersatzstoffe aus dem Labor hinzugefügt. Ersatzstoffe, sind chemisch hergestellte Stoffe, wie zum Beispiel Aromen, Konservierungs- Verdickungsmittel, Geschmacksverstärker und Farbstoffe.Diese Stoffe haben gewisse E-Nummern als Abkürzung, welche auf der Zutatenliste aufgeführt sind. Das E der Nummer steht dabei für Europa. E-Nummern sind Codes, mit denen jeder Stoff unabhängig von den jeweiligen Landessprachen eindeutig identifiziert werden kann. Diese Zusatzstoffe verdicken, machen länger haltbar, färben oder verstärken den Geschmack. Das Problem hierbei ist, dass das System der E-Nummern zwar sinnvoll ist, es hierbei aber auch einige Unklarheiten gibt. Denn nicht jede Nummer steht für einen eigenen Wirkstoff. Oft gibt es verschiedene Varianten der Substanz, welche unter einer Nummer zusammengefasst sind.

2.3.2 Umstrittene Zusatzstoffe

Ein weites Problem für Verbraucher stellten umstrittene Zusatzstoffe dar. Als Beispiel nenne ich hier Amaranth. Dies ist ein künstlicher roter Farbstoff in einigen Spirituosen. Dieser Stoff ist umstritten, da er zwar nicht direkt giftig und somit zulässig ist. Jedoch verursacht er in großen Mengen Durchfall und zudem können bei empfindlichen Menschen Allergien oder Pseudoallergien ausgelöst werden. Zentralen für Verbraucherschutz raten von Aramanth ab. Dass dieser Stoff nicht unbedingt gesund ist, wird den Konsumenten jedoch nicht auf dem Produkt direkt verdeutlicht. Insgesamt sehen Verbraucherzentralen bei etwa 50 Zusatzstoffen Gefahren vor allem für Menschen mit Allergien oder Asthma (vgl. Heißmann/Schmidt).

2.3.3 Aromen

Eine weitere Irreführung der Verbraucher verbirgt sich hinter den natürlichen Aromen. Der Schriftzug „mit natürlichen Aromen", welcher viele Produkte schmückt, ist durchaus bekannt. Zunächst wirkt das Produkt gesünder als andere, da das Wort natürlich hervorsticht. Doch dass diese Aromen weit entfernt von gesund sind, erfahren Konsumenten nur nach eigenständiger Recherche. Aufklärung findet hierbei auf der Verpackung nicht statt. Verwirrend scheint zunächst, dass es über 2700 verschiedene Aromastoffe gibt (vgl. Heißmann/Schmidt). Es ist jedoch nicht zwingend den eigentlichen Stoff aufzuzählen, es reicht allein der Hinweis, dass ein Aroma enthalten ist. Doch was ist ein Aroma eigentlich? Ein Aromastoff besteht nur 10-20% aus Aromen, die restlichen Anteile bestehen aus Konservierungsstoffen, Geschmacksverstärkern oder Farbstoffen sein (vgl. Heißmann/Schmidt). Nicht selten werden Produkte mit dem wohlklingenden Zusatz „mit natürlichen Aromen" beschriftet. Das bedeutet, dass die verwendeten Aromen aus der Natur kommen. Gesund ist dies jedoch nicht unbedingt, da diese aus Mikroben, Pflanzen oder Tieren stammen und dies oft alles andere ist, als das wonach es später schmeckt. Um zu meinem Beispiel dem Erdbeerjogurt zurück zu kommen: hierzu werden Fruchtaromen verwendet, welche aus Schimmelpilzen oder Hölzern stammen. Oft werden auch künstliche Aromen verwendet, dies sind chemische Kopien des natürlichen Geschmacks, sie werden im Labor hergestellt.

2.3.4 Clean Labels

Unwissende Verbraucher werden häufig durch so genannte Clean Labels in die Irre geführt. Solche Siegel versprechen Konsumenten, dass hier ein sehr natürliches Produkt ohne Zusatzstoffe vorliegt. Durch solche Labels wirken Produkte attraktiver, leider versprechen diese selbst vergebenen Siegel jedoch in Wahrheit nicht viel. Denn auch hier ist besondere Vorsicht gebeten. Diese Produkte sind keinesfalls frei von Zusatzstoffen, hierbei werden lediglich konservierende Substanzen oder Geschmacksverstärker verwendet die nicht zwingend angegeben werden müssen, da sie nicht als Zusatzstoffe gelten. Clean Labels muss man hinterfragen. Denn verspricht ein Produkt, es sei frei von künstlichen Aromen, so enthält es mit großer Wahrscheinlichkeit natürliche Aromen, welche nicht unbedingt viel gesünder sind.

2.3.5 Probleme der GDA-Tabelle

Ein weiterer Problempunkt ist die ab 2016 verpflichtende Angabe der enthaltenen Nährwerte (Abb.4). Die GDA-Tabelle steht für Guideline Daily Amount und gibt die Nährwerte einer Portion in Gramm- und Prozentzahlen an. Somit wird schnell veranschaulicht, welche Nährwertangaben ein Produkt enthält. Leider sorgt die GDA-Tabelle oft für Diskussionen. Denn der Tagesbedarf in Prozentangabe richtet sich hierbei an der Kalorienzahl von 2000 kcal. Problem hierbei ist, dass dieser Bedarf nicht für jeden Menschen, sondern lediglich für eine erwachsene Frau zutrifft. Des Weiteren werden oft unrealistische Portionen angegeben, wie eine 20g Portion. Dies erfolgt, damit weniger kcal angegeben werden und das Produkt gesünder erscheint. Auf den ersten Blick sind die Produkte schwer zu vergleichen, denn die Portionsgröße ist nicht festgelegt. Es kommt nicht selten vor, dass eine Tafel Schokolade auf den ersten Blick gesünder wirkt als ein Müsli. Betrachtet man die GDA-Tabelle jedoch genauer, so stellt man fest, dass die Hersteller die Nährwertangaben auf verschieden große Portionen beziehen. Um zum Beispiel die Zahl der kcal zu beurteilen muss man erst die Portionen einheitlich umrechnen. Beachtet diesen Trick der Hersteller nicht, so fällt man eventuell darauf rein und kauft ein ungesünderes Lebensmittel.

Abb.4 GDA-Tabelle

2.3.6 Gesundheitliche Folgen für Verbraucher

Durch die beschriebene Irreführung der Verbraucher gibt es leider nicht selten gesundheitliche Folgen. Oft greifen Konsumenten zum Fertigprodukt um eine schnell und bequem zubereitete Mahlzeit zu haben. Diese Nahrungsmittel sind jedoch sehr stark verarbeitet und enthalten krankmachende Inhaltsstoffe. Fertigprodukte enthalten einen hohen Anteil an Fett, Zucker und Zusatzstoffen. Einige bestehen fast ausschließlich aus ihnen. Hochwertige Rohstoffe sind für Fertigprodukte nicht notwendig, da eingesetzte Chemikalien günstiger sind und alles verändern können. Verändert werden können wichtige Elemente wie: Aussehen, Konsistenz, Aroma, Geschmack und so weiter. Somit kann der Hersteller billige Zutaten einkaufen und diese verarbeiten. Ein weiterer Nachteil für den Verbraucher ist, dass diese Rohstoffe oft mit Agrargiften oder Pestiziden verarbeitet wurden, welche schädlich sein können. Leider gibt es eine Vielzahl an Menschen, die mehr industrielle als natürliche Lebensmittel zu sich nehmen, wodurch sich das Risiko zu erkranken erhöht. Gesundheitliche Folgen können Diabetes, Herz-Kreislauf-Erkrankungen, Verschluss der Arterien, Herzinfarkte oder Adipositas (krankhaftes Übergewicht) sein.

Ein weiteres Problem stellt ein hoher Zuckeranteil dar. Denn enthält ein Produkt zu viel Zucker, so wird das Immunsystem geschwächt, wodurch der Köper für Infektionskrankheiten anfälliger wird. Zudem werden Schlafstörungen, Depressionen und Zahnprobleme hervorgerufen und die Wahrscheinlichkeit für eine Diabeteserkrankung steigt. Um Konsumenten eine Alternative zu bieten werden oft Süßstoffe verwendet. Viele Menschen gehen davon aus, dass dies gesünder sei als Zucker, doch auch damit liegen sie leider falsch. Aspartam, ein Zuckeraustauschstoff lässt bei der Verdauung Nervengifte entstehen, welche Gedächtnisverlust, Depressionen und Augenprobleme entwickeln können. Diese Krankheitsbilder bringt niemand so schnell mit Süßstoffen in Verbindung, wodurch nicht selten falsche Therapien oder Medikamente verschrieben werden. Andere Süßstoffe wie Saccharin und Cyclamat galten einst als krebserregend, waren verboten und sind nun in manchen Ländern nach langen Diskussionen wieder zugelassen. Auch dies verdeutlicht, dass Süßstoffe nicht gesünder sind als Zucker. Letztendlich muss sich der Verbraucher selbst über die gesundheitlichen Nebenwirkungen der enthaltenen Stoffe in einem Produkt informieren. Wichtig ist, dass sich dieser nicht von Verkaufsmaschen und Tricks der Hersteller auf der Verpackung blenden lässt, sondern sich selbst eine Meinung bildet. Denn die Industrie ich lediglich daran interessiert möglichst günstig zu produzieren und eine große Gewinnspanne zu erreichen. Anhand der ernährungsbedingten Krankheiten wird deutlich, dass ein Mangel an Aufklärungsarbeit besteht. Aus diesem Grund gibt es spezielle Organisationen, die sich für den Schutz der Verbraucher einsetzen. Diese möchte ich im nächsten Kapitel vorstellen.

3 Organisationen zum Verbraucherschutz am Beispiel Foodwatch

Es gibt sogenannte NGO's, welche sich für Verbraucher einsetzen. Diese non governmental organisations, sind vom Staat unabhängige Organisationen. Sie sind privat und nicht gewinn-orientiert, sondern verfolgen bestimmte gesellschaftliche und soziale Ziele und Zwecke. Es gibt zahlreiche NGO's zum Schutz der Verbraucher, wie zum Beispiel Unicef, WWF, World Vision, Amnesty international, Greenpeace und Foodwatch. Für den Verbraucherschutz im Bereich der Lebensmittelindustrie setzt sich besonders Foodwatch ein. Aus diesem Grund möchte ich auf diese Organisation näher eingehen.

3.1 Foodwatch

Foodwatch entlarvt verbraucherfeindliche Praktiken der Lebensmittelindustrie und kämpft für das Recht der Verbraucher. Gegründet wurde diese Organisation 2002 von Thilo Bode(vgl. Foodwatch). Es soll möglich sein, gesundheitlich unbedenkliche Lebensmittel zu kaufen, wel-che die Konsumenten nicht in die Irre führen. Foodwatch ist hierbei unabhängig vom Staat und finanziert sich durch Spenden und Förderbeiträge. Es ist jedem Menschen möglich dieser Organisation in Form einer Vereinsmitgliedschaft beizutreten. Foodwatch ruft Verbraucher auf sich zusammen zu schließen und für die eigenen Rechte zu kämpfen, denn würde man sich nicht wehren, so würde weder Aufklärung stattfinden, Skandale an das Licht kommen und es wäre unklar was wir essen beziehungsweise was wir über unser Essen wissen. Die Organisa-tion liefert unabhängige Recherchen und Analysen. Außerdem entlarvt sie dreiste Werbelügen der Industrie und nennt Verantwortliche beim Namen. Um den Schutz der Verbraucher zu erhöhen mobilisieren sie den Widerstand der Verbraucher, machen Gesetzesvorschläge und bringen die Politik in Zugzwang. Zudem starten sie oft Online-Petitionen und Aktionen um den Schutz und den Zusammenhalt der Verbraucher zu stärken.

3.2 Ziele

Ziele der Organisation bestehen darin, dass Gesetze zum Schutz der Verbraucher erlassen werden, weniger der zum Schutz der Industrie. Es sollte faire Märkte geben, auf denen Ver-braucher und Hersteller gleichgestellt sind und keiner den anderen manipuliert. Außerdem sollten Verbraucher genau wissen, was sich in ihren Lebensmitteln verbirgt und nicht von der Industrie durch leere Versprechen in die Irre geführt werden. Es sollten klare Informationen durch lückenlos, ehrlich, gekennzeichnete Lebensmittel entstehen. Ein weiteres Ziel besteht darin, dass alle Menschen genug zu essen haben sollten und eine ausgewogene Ernährung für jeden finanziell erschwinglich sein sollte. Somit sollten auch die Lebensmittel der Gesundheit durch zum Beispiel hohe Zucker- oder Fettanteile nicht schaden. Ein weiteres Ziel für die Zukunft ist es den Schutz auch nach ganz Europa auszuweiten um auch dort ohne Gefahr konsumieren zu können, den Verkauf ehrlicher zu machen und die Organisation zu stärken.

3.3 Bisherige Erfolge der Verbraucherschutzorganisation

Seit 2009 vergibt Foodwatch jedes Jahr als Preis für die dreisteste Werbelüge des Jahres den Goldenen Windbeutel. Somit wehrt sich die Organisation aktiv gegen die tägliche Täuschung des Etikettenschwindels seitens der Hersteller. Laut Foodwatch müssen erst die Produkte richtig ausgezeichnet sein, damit die Verbraucher die richtige Kaufentscheidung treffen können. Hierfür wird jährlich eine große Online-Umfrage geschaltet, bei der jeder Freiwillige teilnehmen kann.

Abb.5 der goldene Windbeutel

Der Preis für die dreisteste Werbelüge des Jahres 2014 ging an den Nahrungsmittelkonzern Nestlé mit seiner Marke Alete. Dieser verkauft unglaublich kalorienhaltige Trinkmahlzeiten als gesunde, babygerechte Produkte. Winfried Kretschmann erhielt hierbei den Preis stellvertretend. Denn sein Land ist seit Anfang des Jahres Teilhaber des Kindernahrungsherstellers Alete, welches dieses Produkt verkauft. Kinderärzte stufen dieses Produkt als ungeeignet für Babys ein. Unglücklicherweise rät die Landesregierung selbst auch von dem Produkt ab, jedoch profitiert sie weiterhin von den Umsätzen. Da dieses Produkt falsch beworben wird und durch die zu hohe Anzahl der Kalorien gesundheitliche Folgen mit sich bringen kann, fordert Foodwatch Alete auf, das Produkt vom Markt zu nehmen. Das Land Baden-Württemberg forderte, dass Alete die Zusammensetzung des Produktes verändere, so dass es künftig ernährungsgerecht für Babys würde. Dieser Forderung ging Alete nach, Foodwatch ist jedoch mit dem Ergebnis bisher nicht einverstanden. Aus diesem Grund besteht auch heute noch eine Online-Petition gegen diese Babynahrung von Alete, welche

Winfried Kretschmann dazu aufruft gegen das Produkt zu handeln. Weitere Erfolge der Organisation liegen länger zurück. Dennoch möchte ich einige von ihnen vorstellen. Am 5.12.2002 testete Foodwatch sämtliche Lebkuchen und Spekulatius auf den Stoff Acrylamid, welcher als krebserregend gilt. Im folgenden Jahr veröffentlichte Foodwatch seine Ergebnisse, woraufhin einige Hersteller die Zusammensetzung der Produkte änderten und auf den Stoff verzichteten. Im Mai des Jahres 2005 musste McDonald's eine millionenschwere Werbekampagne stoppen und 10.000 Euro Strafe an Foodwatch zahlen. Der Grund hierfür war, dass der Konzern die eigenen Brötchen in der Werbung zuvor ohne chemische Zusatzstoffe versprach. Nach einem Test war jedoch klar, dass dies eine Lüge war. Auch im Jahr 2006 trug Foodwatch einen Beitrag zum Verbraucherschutz bei. Dieser stellte fest, dass die Uranbelastung von Mineralwasserquellen in Sachsen-Anhalt zu hoch war, Daraufhin wurden sämtliche betroffenen Mineralwasserflaschen von dem Markt genommen. Um die Täuschungsstrategien der Lebensmittelkonzerne aufzudecken, veröffentlichte Geschäftsführer Thilo Bode 2010 sein Buch „Die Essensfälscher". Dies klärte unwissende Verbraucher auf, wurde seitens deren sehr gut angenommen und befand sich monatelang in den Bestseller-Listen. Lebensmittelhersteller fühlten sich hierdurch jedoch zu Unrecht stark angegriffen und benachteiligt.

Nachdem Foodwatch wie oben schon genannt, im Jahr 2006 Mineralwasser auf Urangehalte untersuchte wurde 2011 ein Uran-Grenzwert seitens der Regierung festgelegt. Dieser ist seitdem in Kraft getreten und noch heute gültig. Die Festlegung des Grenzwertes zu Gunsten der Verbraucher ist vermutlich nur dieser Organisation zu danken, die immer wieder Werte zur Uranbelastung öffentlich gemacht haben. (vgl. Foodwatch).

4   Politik

Da ich bisher sowohl die Rolle der Verbraucher und die der Organisationen verdeutlicht habe, komme ich nun zu meinem vierten Kapitel, die Rolle der Politik. Die Verbraucher werden seitens der Europäischen Union durch Verbraucherschutzvorschiften geschützt. Diese helfen bei einer schnellen und effizienten Beilegung von Streitigkeiten mit Händlern.

Die EU legt zudem Grundlagen für Informationen fest, welche klar nund korrekt sein müssen damit sichere Kaufentscheidungen getroffen werden können. Zudem werden die schon erläuterten Pflichtangaben von der Europäischen Union festgelegt.
Obligatorische Sicherheitsnormen bieten in zahlreichen Bereichen ein hohes Maß an Sicherheit, wie zum Beispiel im Bereich der Hygiene- und Arbeitssicherheit in Industrien.
Sind verkaufte beziehungsweise angebotene Produkte fehlerhaft, so werden diese ohne

Probleme zurückgenommen und der Kunde erhält Schadenesersatz in Form von Rückerstattung des bezahlten Geldes oder in Form von neuen fehlerlosen Produkten.

4.1   TTIP

Das Transatlantische Freihandelsabkommen ist ein internationaler Vertrag zwischen Europa und den USA. Das Abkommen Transatlantic Trade and Investment Partnership – kurz TTIP genannt ist jedoch sehr stark umstritten. Durch das Abkommen soll künftig der größte Teil der Einfuhrzölle fallen, ausgenommen der Agrargüter. Im Gegenzug soll für europäische Firmen ein besserer Zugang zu öffentlichen Aufträgen der USA gewährleistet werden. Demnach wäre die Europäische Union bereit, für das Freihandelsabkommen, die meisten seiner Zölle sofort fallen zu lassen. Somit würden für europäische Verbraucher die Preise sinken, denn importierte Güter würden ohne die Zölle günstiger werden. Zudem könnten Hersteller, welche Importgüter verwenden, günstiger produzieren, somit auch günstiger verkaufen und mehr Arbeitskräfte einstellen. Dies komme dem Wirtschaftswachstum zu Gute. Bereits heute zu Tage sind mehr als die Hälfte der Güter des Abkommens vom Zoll befreit. Übrige Zölle sind äußerst niedrig, meist liegen diese bei 1-2% (vgl. Radomsky 2016). Leider gibt es aber auch Produkte, deren Zölle so hoch sind, dass sie auf Grund des zu hohen Preises nicht gehandelt werden. Wie zum Beispiel Erdnüsse oder manche Molkerei-Produkte. Diese gehören zu den Agrargütern über deren Abbau noch verhandelt wird. Die meisten Lebensmittel werden jedoch bei Import viel günstiger werden, als zuvor. Die Verhandlungen über das Transatlantische Freihandelsabkommen hatten bereits im Juli 2013 begonnen. Das Ziel ist es nun, bis Ende 2016 eine Einigung zu erreichen.

Es gibt jedoch nicht nur positive Aspekte bei diesem Abkommen. Zahlreiche Kritiker, glauben, dass TTIP keine Arbeitsplätze schaffe und das Wirtschaftswachstum steigere, sondern die eigentlichen Profiteure lediglich große Konzerne sein. Ein Problem stellen hierbei auch die verschiedenen Lebensmittelstandards der USA und der EU dar. Zum Beispiel sind gentechnisch veränderte Lebensmittel in den Vereinigten Staaten erlaubt und sind bei Verkauf nicht kennzeichnungspflichtig. Bei Import dieser Güter könnte dies ein Problem darstellen, da diese in Deutschland nur selten erlaubt sind und immer gekennzeichnet werden müssen. Das gleiche Problem stellt sich ebenfalls bei dem Einsatz von Wachstumshormonen heraus. In den USA sind diese erlaubt, in Deutschland jedoch nicht. Auch hierbei ist in Amerika keine Kennzeichnung nötig, welches bei Verkauf und Import in die EU für Probleme sorgen kann.

TTIP bringt sowohl Chancen als auch Risiken mit sich, welche ich nun näher erläutern möchte. Zum einen besteht für die Verbraucher eine größere Produktvielfalt mit günstigeren Preisen.

Das Abkommen legt außerdem eine höhere Transparenz für Verbraucher durch strengere Kennzeichnung von Lebensmitteln fest. Zudem sollen auf jedem Produkt detailliertere Nährwertangaben zur näheren Information der Inhaltstoffe ausgezeichnet werden. Leider verbergen sich hinter dem Abkommen auch Risiken für die Verbraucher die nicht ignoriert werden sollten. Einerseits werden bisherige EU Standards aufgeweicht, da die Europäische Union viele Kompromisse eingeht, damit das Abkommen zu Stande kommt. Des Weiteren werden die Parlamente entmachtet, da nun viel mehr große Unternehmen profitieren. Durch das TTIP Abkommen gewinnen die Unternehmen der USA außerdem an juristischen Vorteilen, da diese nun bevorzugt und finanziell entlastet werden.

4.2   Werbeverbote

Des Öfteren stellte man sich die Frage ob man bestimmte Werbung verbieten oder zumindest einschränken sollte, weil sie uns dazu animiere, Produkte zu kaufen, die wir eigentlich gar nicht benötigen. Hierzu zählen auch ungesunde Artikel, wie Zigaretten, Alkohol und Süßigkeiten. In der Vergangenheit haben sowohl die Verbraucherschutzorganisation Foodwatch und Gesundheitsexperten ein Werbeverbot für ungesunde Kinderlebensmittel gefordert. Doch was steckt dahinter und ist dies sinnvoll?

Unternehmen verpflichten sich seit einigen Jahren zu einem verantwortungsvollen Marketing. Dies betrifft auch die Kinderlebensmittel. Leider halten sich viele Unternehmen nicht daran Kinderlebensmittel anhand einer ausgewogenen Ernährung zu vermarkten. Viel mehr enthalten die Lebensmittel dieser Unternehmen zu viel Zucker und führen zu gesundheitlichen Folgen, wie Übergewicht oder Diabetes. Somit fordert Foodwatch Bundesgesundheitsminister Hermann Gröhe der CDU auf, er solle dafür sorgen, dass nur noch gesunde Lebensmittel an Kinder vermarktet werden. Denn Kinder lassen sich schnell von Werbeanzeigen verführen und können meist noch nicht selbst beurteilen wie ungesund ein bestimmtes Lebensmittel ist. Gefordert wird ein ganzheitlicher politischer Ansatz. Denn die Tatsache, dass die Zahl der übergewichtigen Kinder steigt belegt auch die Weltgesundheitsorganisation (WHO) (vgl. Künast 2015). Diese Tatsache und die dazugehörigen Ergebnisse der Foodwatchorganisation dürfen nicht ignoriert werden. Aus diesem Grund wird gefordert, dass es keine Lebensmittelwerbung für Kinder unter 12 Jahren gibt, welche nicht bestimmten Kritereien der WHO entsprechen. Werden Süßigkeiten beworben, so sollen sie nicht als Lebensmittel sondern Genussmittel ausgezeichnet werden.   Hierzu möchte ich nun kritisch Stellung nehmen. Werbeverbote für sehr ungesunde Lebensmittel einzuführen finde ich fragwürdig. Es ist jedoch schwer ein bestimmtes Alter für Kinder festzulegen, da es heute zu Tage erziehungsund gesellschaftsbedingt immer schwieriger wird jüngere Kinder davon abzuhalten bestimmte

Lebensmittel zu konsumieren. Viel mehr sollte man auf Aufklärung setzen, statt bisherige Lebensmittel zu streichen. Denn verbietet man Kindern etwas, so steigt der Reiz es doch zu versuchen sehr stark an. Verdeutlicht man ihnen jedoch die Folgen des Konsums, so vergeht ihnen möglicherweise die Lust diese Lebensmittel zu probieren. Zudem sollte auch hier die in Kapitel eins erläuterte Definition eines mündigen Konsumenten beachtet werden. Denn der Mensch selbst ist dafür verantwortlich was er wählt. Wird er durch einen äußeren Einfluss, wie hier die Werbung, in die Irre geführt, so hat er sich das selbst zu verschulden. Viel mehr sollte die Wichtigkeit einer kritischen Auseinandersetzung im Kopf der Konsumenten steigen, wodurch sie mündiger werden. Denn handelt ein Konsument mündig, so kauft er keine unnützen Produkte, welche gegebenenfalls wie hier gesundheitsschädlich sind. Somit sinkt der Konsum, wodurch auch die Nachfrage nach einem Produkt fällt und es wird folglich nicht mehr produziert. Dies verdeutlicht, dass man lediglich die Nachfrage nach einem bestimmten Produkt senken muss. An dieser Stelle sollte man meiner Meinung nach ansetzen.

5   Erfolgsfaktoren und Handlungsempfehlungen

In meiner Arbeit habe ich den Verbraucherschutz näher erklärt. Es wurde deutlich, dass wir, als Verbraucher, einen Schutz in Form von Gesetzen und Vorschriften benötigen der uns vor Ungleichgewichten auf dem Markt bewahrt. Leider ist die Industrie sehr darauf orientiert ihren Gewinn zu maximieren, welches nicht selten zu Lasten der Verbraucher fällt. Durch bestimmte Regeln seitens der Europäischen Union gibt es Bestimmungen, welche die Hersteller einhalten müssen. Erfolgt dies nicht, so folgen hohe Strafen. Leider kennen viele Hersteller gewisse Wege um diese Regeln zu umgehen, weshalb es für die Verbraucher dennoch sehr schwierig ist die genauen Inhaltsstoffe der Lebensmittel zu kennen. Entweder benutzen sie komplizierte Begriffe für die Bezeichnung der Produkte um die Verbraucher in die Irre zu führen oder sie schmücken ihr Produkt mit besonderen Bezeichnungen um dieses attraktiver zu machen. Hierbei gilt besondere Vorsicht, denn wer sich nicht genau über die enthaltenen Stoffe informiert, gefährdet bei übermäßigem Konsum eventuell seine Gesundheit. Um die Transparenz der Lebensmittel zu erhöhen, und für die Rechte der Konsumenten zu kämpfen, gibt es einige Organisationen wie zum Beispiel Foodwatch. Diese deckt die Intrigen der Hersteller auf und sorgt für Klarheit. Da diese Organisationen privat sind, sind sie auf Spenden und Fördergelder angewiesen. Meist gehen diese Organisationen sehr direkt und radikal vor, weswegen sie oft umstritten sind und bei den Herstellern auf Widerstand treffen. Derzeit wird seitens der Politik über ein Freihandelsabkommen, namens TTIP, diskutiert. Dadurch soll künftig der größte Teil der Einfuhrzölle fallen, welches bedeuten würde, dass die Preise der eingeführten Produkte sinken. Dies würde den Verbrauchern zu Gute kommen. Im Gegenzug soll für europäische Firmen ein besserer Zugang zu öffentlichen Aufträgen der USA gewährleistet werden. Dieses

Abkommen wird derzeit noch verhandelt, da es einige Streitpunkte gibt. Bis Ende des Jahres 2016 soll es jedoch voraussichtlich zu einer Einigung kommen. Ob dies so ist wird sich im Laufe des Jahres zeigen. Es hat sich herausgestellt, dass für Verbraucher zu wenig Aufklärungsarbeit geleistet wird. Wer sich nicht selbst informiert, kritisch denkt und handelt, der glaubt Werbelügen und kauft Produkte die er nicht braucht, beziehungsweise die ihm schaden. In meiner Arbeit habe ich verdeutlicht, dass es heute zu Tage so gut wie keine mündigen Konsumenten gibt. In Zukunft sollten sowohl die Regierung, als auch die Verbraucherschutzorganisationen viel mehr Wert darauf legen, Verbraucher über eine ausgewogene Ernährung aufzuklären und ihm animieren jedes Angebot kritisch zu hinterfragen. Dies sollte über alle Ländergrenzen hinweg erfolgen. Denn erst wenn jeder Verbraucher bestens informiert ist, ist ein Gleichgewicht geschaffen und Konflikte zwischen Herstellern und Konsumenten können gelöst werden.

Literaturverzeichnis

Bachler, Martina/ Kreuzinger,Nina(2009): Unverträglich Immer mehr Menschen werden von 'gesunden' Lebensmitteln krank. format.at/leben/society/unvertraeglich-immer-menschen-ge-sunden-lebensmitteln-255433 (7.3.16)

Bundesministerium für Ernährung und Landwirtschaft: Lebensmittelkennzeichnung bmel.de/DE/Ernaehrung/Kennzeichnung/kennzeichnung_grafik_node.html;jsessionid= D652111C5BEEEB32625F57F756C926AE.2_cid288 (2.3.2016)

Bundesverband der deutschen Industrie: Studie Verbraucherleitbild und Positionsbestim-mung zum „Mündigen Verbraucher", bdi.eu/media/presse/publikationen/gesellschaft-verant-wortung-und-verbraucher/BDI_Studie_zum_muendigem_Verbraucher.pdf (16.01.16)

Conrad, Annette (2014): Fruchtjoghurt oder lieber Joghurt mit frischen Früchten? dlr.rlp.de/Internet/global/the-men.nsf/0/A44B61AEF53A1526C1257D1E0035BCBF?OpenDocument (8.3.2016)

Delta21: Die Folgen unserer Ernährung: delta21.de/informieren/ernaehrung/die-folgen-unse-rer-ernaehrung.html (7.3.16)

Europäische Union (2016): Verbraucher. http://europa.eu/pol/cons/index_de.htm (8.3.16)

Foodwatch (2016): Über Foodwatch. foodwatch.org/de/ueber-foodwatch/2-minuten-info/ (9.3.16)

Frankfurter Allgemeine (2015): Foodwatch fordert Werbeverbot für ungesunde Lebensmit-tel. faz.net/agenturmeldungen/dpa/foodwatch-fordert-werbeverbot-fuer-ungesunde-lebensmittel-13766302.html (8.3.16)

Fronzeck,Thomas(2015): Ernährungsbedingte Erkankungen. elearn.hawk-hhg.de/pro-jekte/62/pages/soziale-arbeit-und-ernaehrung/ernaehrungsbedingte-krankheiten.php (8.3.16)

Gesundheit1: Übergewicht - jedes fünfte Kind in Deutschland ist zu dick. gesund-heit.de/ernaehrung/essstoerungen/hintergrund/uebergewicht-jedes-fuenfte-kind-in-deutsch-land-ist-zu-dick (7.3.16)

Gottelt,Albert(2014): Übermäßiger Zuckerkonsum führt zu tödlichen Herzerkrankungen. 1averbrauchermagazin.de/ernaehrung/uebermaessiger-zuckerkonsum-fuehrt-zu-toedlichen-herzerkrankungen-16720 (8.3.16)

Grundlagenwissen für Schule und Studium, Beruf und Alltag. 5. Aufl. Bonn: Bundeszent-rale für politische Bildung 2013

Grundmann-Norderstedt: Verbraucherschutz, grundmann-norderstedt.de/uebw07.htm (16.01.16)

Heißmann, Nicole/ Schmidt, Marion (2015): Zusatzstoffe in Lebensmitteln - Schlauer es-sen. stern.de/gesundheit/ernaehrung/grundlagen/zusatzstoffe-in-lebensmitteln-schlauer-essen-3092064.html (8.3.16)

Kant,Immanuel (1784): Beantwortung der Frage: Was ist Aufklärung? In: Berlinische Mo-natsschrift, S. 481-494.

Kirchner,Bernd/Pollert,Achim /Polzin,Javier Morato(2013): Verbraucherschutz: Wie wer-den Verbraucher geschützt. Von Kaufvertrag und Miete, von Lebensmittelkennzeichnung und Warentest in: Duden Wirtschaft von A bis Z, 5.Auflage, Berlin, S. 349-382.

Künast,Renate (2015): Süßigkeiten sind keine Lebensmittel. tagesspie-gel.de/wissen/de-batte-ueber-werbeverbot-suessigkeiten-sind-keine-lebensmittel/12308346.html (8.3.16)

Lebensmittelampel: Die Lebensmittelampel Transparenz für gesundes Essen und Ernäh-rung lebensmelampel.com/foodcheck-die-lebensmittelampel-als-app/itt (8.3.16)

Pflanzen Forschung (2013): Verbraucherschutz – Lebensmittelsicherheit und Qualität. pflan-zen-forschung-ethik.de/kontexte/verbraucherschutz.html (2.3.16)

Radomsky,Stephan (2016): Welche Waren durch TTIP günstiger werden könnten. ued-deutsche.de/wirtschaft/freihandelsabkommen-welche-waren-durch-ttip-guenstiger-werden-koennten-1.2874294 (7.3.16)

Reichlin,Maximilian (2013): Wenn Ernährung uns krank macht – Die Zivilisationskrankheit "Essen". uni.de/redaktion/zivilisationskrankheit-essen (6.3.16)

Skeptische Ökonomie (2015): Werbung, Kant und Statistik. skeptischeoekono-mie.wordpress.com/2015/11/22/werbung-kant-und-statistik/comment-page-1/ (8.3.16)

Verbraucherzentrale Bundesverband (2016): Die Geschichte des Verbraucherschutzes. verbraucherzentrale-niedersachsen.de/link1801281A (2.2.16)

Verbraucherzentrale Hamburg: Ampelcheck – was heißt Ampelkennzeichnung. ampelcheck.de/Ampelcheck/index.html (8.3.16)

Zentrum der Gesundheit: Lebensmittelzusätze in Fertigprodukten zentrum-der-gesundheit.de/fertigprodukte.html (6.2.16)

Zusatzstoffe-Online : zusatzstoffe-online.de/information/673.doku.html (8.3.16)